BEI GRIN MACHT SICH IHR WISSEN BEZAHLT

- Wir veröffentlichen Ihre Hausarbeit,
  Bachelor- und Masterarbeit

- Ihr eigenes eBook und Buch -
  weltweit in allen wichtigen Shops

- Verdienen Sie an jedem Verkauf

Jetzt bei www.GRIN.com hochladen und kostenlos publizieren

Ann-Kathrin Daab

Einführung der Zahlenmauer in Klasse 1

Unterrichtseinheit: Die Zahlenmauer als operatives und produktives Übungsformat zur Addition, Subtraktion und Zahlzerlegung im Zahlenraum bis 20

GRIN Verlag

Bibliografische Information der Deutschen Nationalbibliothek:

Die Deutsche Bibliothek verzeichnet diese Publikation in der Deutschen National-
bibliografie; detaillierte bibliografische Daten sind im Internet über http://dnb.d-
nb.de/ abrufbar.

Impressum:

Copyright © 2012 GRIN Verlag, Open Publishing GmbH
Druck und Bindung: Books on Demand GmbH, Norderstedt Germany
ISBN: 978-3-656-32062-3

Dieses Buch bei GRIN:

http://www.grin.com/de/e-book/194590/einfuehrung-der-zahlenmauer-in-klasse-1

GRIN - Your knowledge has value

Der GRIN Verlag publiziert seit 1998 wissenschaftliche Arbeiten von Studenten, Hochschullehrern und anderen Akademikern als eBook und gedrucktes Buch. Die Verlagswebsite www.grin.com ist die ideale Plattform zur Veröffentlichung von Hausarbeiten, Abschlussarbeiten, wissenschaftlichen Aufsätzen, Dissertationen und Fachbüchern.

Besuchen Sie uns im Internet:

http://www.grin.com/

http://www.facebook.com/grincom

http://www.twitter.com/grin_com

„Ausführliche Unterrichtsvorbereitung"

für das Modul: Unterrichten im Fach Mathematik (MMG)

Thema der Unterrichtseinheit:

Die Zahlenmauer als operatives und produktives Übungsformat zur Addition,
Subtraktion und Zahlzerlegung im Zahlenraum bis 20

Thema der Unterrichtsstunde:

Aus Mauern werden **Zahlen**mauern – Einführung in das Aufgabenformat
„Zahlenmauer"

Lehramtsreferendarin:

Schule:

Schulleiter:

Mentorin:

Datum:	07.05.2012
Zeit:	11.05 Uhr – 11.50 Uhr
Klasse:	(21 SuS, davon 12 Jungen und 9 Mädchen)
Fach:	Mathematik
Raum:	C 35

Inhaltsverzeichnis

1. Sachanalyse

Bei Zahlenmauern, auch Rechenpyramiden genannt, handelt es sich um ein bewährtes Übungsformat, das zahlreiche operative Variationen ermöglicht (vgl. Radatz et al. 1996, S. 87; Wittmann / Müller 2007, S. 106). Zahlenmauern bestehen mindestens aus drei Steinen. Dabei wird auf zwei benachbarte Steine einer Schicht ein dritter Stein gesetzt, der die Summe der beiden unteren Steine beinhaltet. Sobald die Zahlenmauer aus mehr als drei Steinen besteht, wirken sich die Steine der untersten Reihe unterschiedlich auf die Summe des obersten Steins aus: Während die Randsteine einfach in die Summe eingehen, werden mittlere Steine mehrfach berücksichtigt.

Ich werde mich in der Unterrichtsstunde auf Zahlenmauern mit drei bzw. sechs Steinen beschränken (3er- bzw. 6er-Mauer). Die Struktur der 6er-Mauern lässt sich folgendermaßen darstellen (vgl. Schipper 2009, S. 314f.):

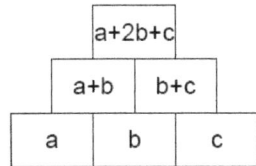

Je nachdem, welche Werte in der Zahlenmauer gegeben bzw. gesucht sind, erfordert das Lösen der Zahlenmauer verschiedene Operationen: Wenn die unterste Schicht vollständig gegeben ist, dann kann die Zahlenmauer rein durch Additionsaufgaben von unten nach oben gelöst werden. Verteilen sich jedoch die gegeben Werte frei über alle Schichten der Mauer, werden (zusätzlich) Subtraktionen bzw. Ergänzungen notwendig (vgl. Projekt PIK AS 2010, S. 1).

Somit können durch Zahlenmauern grundlegende Rechenfertigkeiten geübt sowie die Zusammenhänge der Rechenoperationen verdeutlich werden, weshalb es ein operatives Übungsformat darstellt. Die Zahlen der Zahlenmauer können auch so vorgegeben sein, dass sie unterschiedliche Lösungswege erlauben, zum Beispiel wenn nur der Deckstein oder aber gar keine Vorgaben vorhanden sind (vgl. Schipper 2009, S. 316). Somit ermöglichen Zahlenmauern auch produktives Üben, da Strukturen und Gesetzmäßigkeiten entdeckt werden können (vgl. Wittmann / Müller 2007, S. 106).

Somit hängt der Schwierigkeitsgrad von der Höhe der Mauer (Anzahl der Schichten) sowie von der Größe und der Verteilung der vorgegeben Zahlen ab.

2. Beschreibung der Lernbedingungen

Die Klasse X besteht aus neun Schülerinnen und zwölf Schülern[1]. Es ist eine sehr unruhige Klasse, was vermutlich damit zusammenhängt, dass die SuS wenige Strukturen im Schulalltag und in der Klasse wiederfinden. Zwischen den Osterferien und diesem Unterrichtsbesuch liegen lediglich drei Mathematikstunden. Dadurch müssen sich die SuS wieder an die im Mathematikunterricht geltenden Regeln und Rituale gewöhnen.

Ein Problem ist, dass sie mehrmals wöchentlich umgesetzt und auch die Tische verstellt werden. Dadurch wird kooperatives Arbeiten erschwert, weil sich die SuS nicht an ihren Sitznachbarn gewöhnen können. Bei Partnerarbeiten kommt es regelmäßig zum Streit. Diesbezüglich sind vor allem L., S., J. und G. zu nennen, wobei bei G. eine Ursache dafür im fehlenden sprachlichen Verständnis liegt. Insgesamt sind das **Sozialverhalten** und das **Klassenklima** sehr negativ einzuschätzen, was den gesamten Unterricht stört. Aus diesem Grund wird die Klasse bereits durch eine Beraterin für Erziehungshilfe unterstützt.

Aus dem sonstigen Unterricht kennen die SuS hauptsächlich Frontalunterricht und Einzelarbeit mit Arbeitsblättern oder Schulbüchern. Im Bereich des **selbstständigen Arbeitens** können die SuS bereits Selbstkontrollen durchführen. Einige SuS suchen sich darüber hinaus eigenständig Aufgaben aus der Mathematik-Freiarbeit, wenn sie die Aufgabenstellungen erfüllt haben (E., J., A., M. D. und M.). Sie arbeiten zügig. M. und J. überspringen gelegentlich Aufgaben, um mehr Zeit an der Freiarbeit zu verbringen. Die SuS kennen den Umgang mit dem Rechenrahmen, nutzen ihn jedoch nicht unaufgefordert. Um die Selbsteinschätzung der SuS zu fördern, wurden innerhalb des Matheunterrichts zwei Ablagen zur qualitativen Differenzierung eingeführt. Eine realistische Einschätzung muss jedoch noch langfristig geübt werden. Die meisten SuS haben große Schwierigkeiten damit, ihre Materialien zu organisieren: Sie fallen vom Tisch, werden liegengelassen, zerstört oder in der Schule bzw. zu Hause vergessen. Dies könnte in dieser Stunde zu Problemen während des Spiels führen, weil sie hier mit zwanzig einzelnen Zahlenkarten und einer leeren Zahlenmauer umgehen müssen.

Die **Lernbereitschaft** ist insgesamt groß einzuschätzen. Die SuS nehmen meist mit hoher Motivation am Mathematikunterricht teil.

Sie sind gewohnt, im Kinositz Problemstellungen zu erarbeiten und Lösungswege zu reflektieren (**kommunikative Kompetenzen**). Bisher gelingt es allerdings nur wenigen Kindern, Lösungswege und mathematische Inhalte zu verbalisieren (E., L., M. und J.-

---

[1] Aus Gründen der besseren Lesbarkeit wird „Schüler und Schülerinnen" im weiteren Verlauf der Unterrichtsvorbereitung als „SuS" abgekürzt.

P.). Den anderen fällt dies auch am Material schwer. In diesen Phasen ziehen sich vor allem diejenigen zurück, die kaum Deutsch sprechen (G.[2] und B.).

3. Didaktische Überlegungen

Der **didaktische Schwerpunkt** dieser Stunde liegt darauf, das Aufgabenformat „Zahlenmauer" kennenzulernen und anhand dessen Additionen zu üben.

In der vorherigen Mathematikstunde haben sich die SuS bereits mit grundlegenden Gesetzmäßigkeiten der Mauern vertraut gemacht, indem sie Mauen gebaut haben. Dadurch haben sie auf enaktiver Ebene erfahren, dass ein Stein auf zwei nebeneinanderliegenden Steinen aufliegen muss, damit die Mauer stabil wird (Prinzip des anschaulichen, handlungsorientierten Lernens; vgl. Rahmenplan 1995, S.144). Dieses Vorwissen soll den SuS in der heutigen Stunde helfen, additive Strukturen in der Zahlenmauer selbst zu entdecken und zu beschreiben: Der Stein, der auf zwei nebeneinanderliegenden Steinen liegt, beinhaltet deren Summe (Prinzip des entdeckenden Lernens; vgl. ebd, S.144 / 146). Außerdem wurde ein erster Transfer auf die symbolische Ebene geschaffen, indem die SuS dazu angehalten wurden, gefundene Mauern aufzumalen. Daran wird in der heutigen Stunde angeknüpft, indem diese notierten, leeren Mauern mit Zahlen gefüllt werden.

Wie aus der Sachanalyse hervor geht, bietet das Übungsformat „Zahlenmauer" eine große Fülle an operativen und produktiven Inhalten. Da es sich jedoch um eine Einführungsstunde handelt, muss zunächst sichergestellt werden, dass alle SuS die Darbietungsform verstehen. Andernfalls können sie sich nicht auf vertiefende operative und produktive Übungen einlassen, weil das „Lesen" der Aufgabendarbietung zu viel Aufmerksamkeit bzw. Anstrengung beansprucht (vgl. Radatz et al. 1996, S. 85). Aus diesem Grund wird der Inhalt der Stunde auf das additive Lösen von Zahlenmauern mit drei bzw. sechs Steinen im Zahlenraum bis 20 reduziert (**didaktische Reduktion**).

Die SuS können Additionsaufgaben im Zahlenraum bis 20 lösen, allerdings sind sie bei Zehnerüberschreitungen unsicher. Einige nutzen dazu bereits (Fast-)Verdopplungsaufgaben, wenige auch das schrittweise Rechnen über 10. Viele SuS lösen Additionen jedoch weiterzählend vom größeren Summanden aus. Deswegen besteht auch ein Lernziel darin, Additionen zu üben. Das sichere und schnelle Lösen von Additionen im Zahlenraum bis 20 ist eine wichtige Voraussetzung für die Bewältigung des Alltags in der Zukunft. Aber auch gegenwärtig begegnen den SuS Additionen im Alltag, z.B. in Einkaufssituationen (**Zukunfts-** und **Gegenwartsbezug**).

---

[2] Mehr dazu steht im Anhang unter den Schülerbeschreibungen.

Zahlenmauern bieten die Möglichkeit, Additionen in einem neuen Übungsformat zu festigen. Ein weiterer Vorteil ist, dass ebenso in den Folgestunden Subtraktionen bzw. Ergänzungen sowie Zerlegungen integriert geübt werden können. Zusätzlich werden in diesem Format operative Beziehungen zwischen Additions- und Subtraktionsaufgaben deutlich und Tauschaugaben, Umkehraufgaben, Ergänzungen sowie Zerlegungen können in Zusammenhängen gelernt werden. Dadurch sollen flexible Lösungsverfahren angebahnt werden, was wiederum eher den Anforderungen des wirklichen Lebens entspricht (vgl. Schipper 2009, S. 306ff.) (Prinzip des Übens; vgl. Rahmenplan 1995, S. 145). Ein weiterer Vorteil der Zahlenmauer ist, dass sie sich leicht im Schwierigkeitsgrad variieren und auch in höheren Klassenstufen mit größeren Zahlenräumen einsetzen lässt (s. Sachanlayse) (**schulische Bedeutung**). Haben die SuS die Darbietungsform „Zahlenmauer" also erst einmal verstanden, können sie anhand derer vielfältige operative Übungen machen. Darüber hinaus ermöglichen Zahlenmauern produktive Übungen, indem die SuS Gesetzmäßigkeiten untersuchen, beschreiben und begründen. Damit werden gleichzeitig prozessbezogene Kompetenzbereiche gefördert, vor allem Kommunizieren, Argumentieren und Problemlösen (vgl. Kerncurriculum Mathematik 2010, S. 16f.). Inhaltlich lassen sich Zahlenmauern den Bereichen „Zahl und Operation" sowie „Muster und Strukturen" zuordnen (vgl. ebd., S.18).

Alternativ ließen sich auch mit dem Aufgabenformat „Rechendreieck" operative Übungen durchführen, wie ich sie bei den Zahlenmauern aufgeführt habe. Ebenso lassen sie produktive Übungen zu, indem beispielsweise durch systematisches Probieren Innenzahlen zu vorgegebenen Außenzahlen gefunden werden müssen. Genauso lassen sie sich in größeren Zahlenräumen einsetzen und im Schwierigkeitsgrad variieren durch Vorgeben unterschiedlicher Felder und der Größe der Zahlen. Ich habe mich jedoch für die Zahlenmauern entschieden, weil ich den Zugang für die SuS durch das Bauen als leichter und motivierender empfinde, während wir das Rechendreieck abstrakter erscheint. Ein weiterer Vorteil ist, dass die SuS den Schwierigkeitsgrad der Mauer selbst verändern können, indem sie weitere Steine hinzufügen. Außerdem sollen die SuS in der Hausaufgabe wie auch in darauffolgenden Unterrichtsstunden beobachten, beschreiben und ansatzweise begründen, wie sich Veränderungen in verschiedenen Bodensteinen auf den Deckstein auswirken. In diesen Phasen sollen die SuS selbstständig Strukturen entdecken und begründen. Dementsprechend werden wir in den Reflexionsphasen gezielt üben, mathematische Zusammenhänge zu beschreiben und mit Hilfe von Materialien und einem Wortspeicher zu erklären.

Die Arbeitsaufträge sind so gewählt, dass die SuS die additive Struktur der Zahlenmauer anwenden müssen und damit ihr Verständnis diesbezüglich zeigen.

6

Natürliche Differenzierung findet statt, indem die SuS sich in der Partnerarbeit gegenseitig unterstützen und die Größe der Zahlen selbst bestimmen können. In der Anwendungsphase 2 können die SuS in Einzelarbeit in ihrem eigenen Lerntempo Zahlenmauern lösen (AB1). Dabei ist nicht notwendig, dass die SuS alle Zahlenmauern lösen und die Selbstkontrolle durchführen. Entscheidend für diese Stunde ist, dass die Schüler die Struktur der Zahlenmauer verstehen und anwenden können. Durch AB2 und AB3 ist sowohl eine quantitative als auch eine qualitative Differenzierung gegeben, weil sich die SuS hier zusätzlich eigene Zahlenmauern mit frei wählbaren Zahlen und in unterschiedlicher Größe ausdenken dürfen.

Als Hilfsmitteln stehen allen Kindern ein kleiner Zahlenstrahl auf dem Tisch bzw. ein großer über der Tafel zur Verfügung sowie Rechenrahmen. Allerdings wird der Rechenrahmen trotz Thematisierung ungern benutzt, weshalb die SuS vermutlich auch in dieser Stunde nicht auf ihn zurückgreifen werden (selbst auf Aufforderung der LiV).

4. Angestrebte Kompetenzen und Stundenziele

Angestrebte Kompetenzen der Unterrichtseinheit

- Überfachliche Kompetenz: **Sozialkompetenz**
  Die SuS kooperieren zur Bewältigung von Aufgaben, nehmen Rücksicht aufeinander und unterstützen sich gegenseitig (vgl. Kerncurriculum Mathematik 2010, S. 8 / 10).

- Fachliche Kompetenz: **Kommunizieren** und **Argumentieren**
  Die SuS sollen Auffälligkeiten beschreiben und in Ansätzen Begründungen formulieren (vgl. Kerncurriculum Mathematik 2010, S. 16f.).

- Fachliche Kompetenz:
  Die SuS sollen verschiedene Rechenoperationen anhand der Zahlenmauer anwenden und üben.

Angestrebte Lernziele der Unterrichtsstunde

Groblernziel:

Die SuS sollen das Aufgabenformat „Zahlenmauer" kennenlernen, indem sie deren Aufbau erläutern und 3er- sowie 6er-Mauern im Zahlenraum bis 20 additiv lösen.

Feinlernziele:

- Einzelne SuS sollen aus einer vorgebauten 3er-Mauer die Bauvorschrift einer Zahlenmauer (zwei nebeneinanderliegende Steine bilden die Summe im Stein darüber) ableiten und in eigenen Worten beschreiben (Maximalziel).

- Die SuS sollen diese Struktur anwenden, indem sie sich mit einem Partner gegenseitig mit Zahlenkarten von 1 bis 10 3er-Mauern vorgeben und diese im Zahlenraum bis 20 additiv lösen (Minimalziel).

- Die SuS sollen diese Struktur auf eine 6er-Mauer übertragen und auch diese im Zahlenraum bis 20 additiv lösen (Minimalziel).

- Die SuS sollen Additionen im Zahlenraum bis 20 üben, indem sie Zahlenmauern ausfüllen (Minimalziel).

5. Methoden und Medien

Nach der Begrüßung kommen die SuS auf eine Impulskarte hin in den Kinositz. In dieser Sitzform haben alle SuS eine gute Sicht auf die Unterrichtsgegenstände. Auch sollte die Aufmerksamkeit erhöht sein, was für diese Phase notwendig ist, weil sie die Grundlagen für die übrigen legt. Diese Methode kennen die SuS zwar, jedoch könnte es bei der Bildung zu Schwierigkeiten kommen, weil die SuS erst seit drei Unterrichtstagen eine neue Sitzordnung haben. Während der Anknüpfungsphase wiederholen die SuS den Inhalt der letzten Stunde, um sich ihr Vorwissen bezüglich des Aufbaus der Mauer zu vergegenwärtigen. Anschließend stellt die LiV den Inhalt der heutigen Stunde vor, gibt einen kurzen Überblick über den Ablauf der selbigen sowie über das Ziel an deren Ende. Dadurch werden den SuS die Ziele, Inhalte und der geplante Ablauf offengelegt (vgl. Hessischer Referenzrahmen Schulqualität (HRS) 2008, S. 24, 73 / Meyer 2003, S. 38). Im Anschluss folgt die erste Erarbeitung. Als stummen Impuls hängt die LiV zwei Zahlen (5 und 2) an die Bodensteine einer 3er-Mauer der vorigen Stunde. Infolgedessen sollen die SuS sich spontan dazu äußern, welche Zahl in den Deckstein passen würde. Falls die SuS nicht auf die Lösung (7) kommen, hängt die LiV die entsprechende Zahlenkarte auf den Deckstein und wartet auf weitere Äußerungen. Die SuS sollen den Aufbau der Mauer beschreiben und daraus die Bauvorschrift ableiten, wobei sie am konkreten Beispiel bleiben dürfen: „Oben steht Sieben, weil der Stein auf Fünf und Zwei liegt. Fünf plus Zwei ist gleich Sieben". Nach dem Impuls, „Natürlich können wir auch diese Mauer aufschreiben, damit wir sie nicht vergessen!", erfolgt der Transfer auf die symbolische Ebene. Alternativ könnte das Bauen der Mauer der vorigen Stunde weggelassen werden und die Bauvorschrift könnte den SuS direkt auf symbolischer Ebene vorgegeben werden, um Zeit zu Gunsten von Übungen zu sparen. An dieser Stelle wird jedoch dem Entdecken und Verbalisieren der Strukturen Vorrang eingeräumt, was das Kommunizieren und Problemlösen fördern soll (vgl. Kerncurriculum Mathematik 2010, S.12f.).

Nachdem die SuS beschrieben haben, wie die Zahlenmauer aufgebaut ist, wenden sie die Struktur an, indem sie zu zwei nacheinander vorgegebenen 3er-Mauern den Deckstein berechnen. Dadurch zeigen sie, ob sie die Struktur verstanden haben. Dies ist gleichzeitig die Vorbereitung auf ein Spiel, das die SuS mit einem Partner genauso durchführen sollen, wie es die LiV mit den SuS zuvor getan hat. Das Spiel soll dazu dienen, die beschriebene Struktur anzuwenden, indem sich die SuS mit ihrem Sitznachbar abwechselnd Bodensteine von 3er-Mauern vorgeben und den Deckstein additiv im Kopf berechnen und nennen. Dazu bekommen die Teams jeweils Zahlenkarten von 1 bis 10 in zweifacher Ausführung sowie eine leere 3er-Mauer, die die SuS bereits aus der vorigen Stunde kennen. Das Spiel soll die Motivation erhöhen, das Verständnis der Struktur festigen, zur Kommunikation anregen und die sozialen Kompetenzen fördern. Gleichzeitig üben die SuS Additionen im Zahlenraum bis 20. Darüber hinaus hat die LiV während dieser Phase Zeit die Partnerarbeit zu beobachten und sicherzustellen, dass alle SuS den Aufbau der Zahlenmauer verstanden haben. Alternativ könnten die SuS auch dazu angehalten werden, die gefundenen Zahlenmauern zu notieren. In diesem Falle könnte die LiV leichter kontrollieren, ob die 3er-Mauern korrekt gelöst werden. Dies würde jedoch die Anzahl gelöster Mauern, die Motivation und letztendlich auch den verbalen Austausch der Partner reduzieren. Außerdem sollen die SuS ohnehin in der Anwendung 2 Zahlenmauern schriftlich lösen.

Die Zahlenkarten für das Spiel werden absichtlich auf 1 bis 10 beschränkt. Viele SuS wären überfordert, wenn ihnen auch höhere Zahlen zur Verfügung ständen (u.a. S., J., V., M., K.). Sie würden die Schwierigkeit der Aufgabe bzw. die Größe des Ergebnisses nicht antizipieren (können). Infolgedessen würden sie Bodensteine wie 19 und 17 legen, also die Additionsaufgabe 19 + 17, die den Zahlenraum 20 überschreiten. Diese Aufgaben könnten durch ebendiese SuS nicht gelöst werden.

Für Erarbeitung 2 kommen die SuS der höheren Aufmerksamkeit wegen erneut in den Kinositz. Hier sollen sie die Struktur der 3er-Mauer auf eine 6er-Mauer übertragen. Als stummen Impuls gibt die LiV hierzu die drei Bodensteine einer 6er-Mauer vor. Sechs verschiedene SuS sollen jeweils einen Stein lösen, damit die LiV von möglichst vielen einen Eindruck davon erhält, ob der Aufbau der 6er-Mauer verstanden wurde. Zur visuellen Unterstützung werden zumindest innerhalb der ersten 6er-Mauern jeweils die drei Steine, welche eine Additionsaufgabe bilden, in der gleichen Farbe umrandet. Diese Visualisierung findet sich auch auf dem Arbeitsblatt wieder, welches die SuS im Anschluss in Einzelarbeit lösen sollen (AB1). Die Einzelarbeit hat den Vorteil, dass die SuS in ihrem eigenen Tempo arbeiten können. Hier sollen sie zunächst zwei 3er-Mauern wiederholen, um dann die selbige Struktur wie auch in Erarbeitung 2 auf 6er-Mauern zu übertragen. Wenn sie AB1 fertig bearbeitet haben, sollen sie eine Selbstkontrolle durchführen. Dies fördert die Selbstständigkeit, Lernmotivation und das Selbstvertrauen der SuS (vgl. Rahmenplan 1995, S. 145). Gleichzeitig verschafft es der LiV etwas Zeit, in der sie gezielte Unterstützung geben kann. Auch die qualitative und quantitative Differenzierung besteht aus Arbeitsblättern. Hier sollen sich die SuS eigene Zahlenmauern ausdenken (AB2) oder sie können Aufgaben für ihre Mitschüler/-innen mit Selbstkontrolle entwickeln (AB3). Letzteres ist den SuS jedoch noch nicht bekannt. Als Alternative zur Einzelarbeit könnten die SuS mit ihrem Sitznachbarn abwechselnd mit Zahlenkarten eigene Zahlenmauern legen und notieren. Bei dieser Alternative würden jedoch bei einigen Partnerkonstellationen die Lernziele der Stunde nicht erreicht werden, weil sich die SuS gegenseitig stark ablenken würden. Des Weiteren wären die Zahlenkarten dann in dreifacher Ausführung angebracht. Da sie SuS aber große Probleme in der Organisation ihrer Materialien haben, wäre dies sehr unübersichtlich für sie.

In der Reflexionsphase im Kinositz sollen die SuS den Inhalt der heutigen Stunde verbalisieren: Sie beschreiben, dass aus Mauern Zahlenmauern gemacht wurden, mit denen gerechnet werden kann. Sie sollen nochmals am Beispiel erklären, wie in Zahlenmauern Additionsaufgaben zu finden sind, und dies auf allgemeine Mauern übertragen.

Um ein lernförderliches Klima zu stärken und allen SuS Wertschätzung zu zeigen, lobt die LiV alle SuS für einen Aspekt ihrer Mitarbeit, der in dieser Stunde positiv aufgefallen ist (vgl. HRS 2008, S. 82). Danach zeigt die LiV die Hausaufgabe (AB4) und gibt lediglich den Hinweis, die SuS sollten sich die Aufgabenstellung durchlesen. Damit soll wiederum Selbstständigkeit gefördert werden. Die Hausaufgabe ist so aufbereitet, dass sie für die SuS ohne weitere Erklärungen durch die LiV verständlich ist. Mit der Hausaufgabe gibt sie gleichzeitig einen Ausblick auf die Weiterarbeit in der nächsten Stunde.

Literaturverzeichnis

Hessisches Kultusministerium (Hrsg) (2010): Bildungsstandards und Inhaltsfelder. Das neue Kerncurriculum für Hessen (Entwurf Mathematik). Internetquelle:http://www.iq.hessen.de/irj/servlet/prt/portal/prtroot/slimp.cmReader/HKM_15/IQ_I nternet/med/b3d/b3d1d584-b546-821f-012f-31e2389e4818,22222222-2222-2222-2222-222222222222 [letzter Zugriff: 10.3.12].

Hessisches Kultusministerium (Hrsg.) (1995): Rahmenplan Grundschule. Internetquelle: http://grundschule.bildung.hessen.de/rahmenplan/Rahmenplan.pdf [letzter Zugriff: 28.12.2011].

Institut für Qualitätsentwicklung (Hrsg.) (2008): Hessischer Referenzrahmen Schulqualität. Qualitätsbereiche, Qualitätsdimensionen und Qualitätskriterien. Internetquelle: http://www.kultusministerium.hessen.de/irj/servlet/prt/portal/prtroot/slimp.cmReader/HKM_15/IQ _Internet/med/f27/f27ba4c2-e162-1f01-2f31-e2389e481851,22222222-2222-2222-2222-222222222222 [letzter Zugriff: 30.12.2011].

Meyer, Hilbert (2003): Zehn Merkmale guten Unterrichts. Empirische Befunde und didaktische Ratschläge. In: Pädagogik, 11. Jg. (10), S. 36 – 43.

Projekt PIK AS (2010): Allgemeine Unterrichtsinformationen. Internetquelle: http://www.pikas.tu-dortmund.de/upload/Material/Haus_6_-_Heterogene_Lerngruppen/UM/Zahlenmauern_Uebungsheft/Lehrer-Material/Allgemeine_Unterrichtsinformationen.pdf [letzter Zugriff: 13.4.12].

Radatz, Hendrik et al. (1996): Handbuch für den Mathematikunterricht. 1. Schuljahr. Hannover: Schroedel, S. 87.

Schipper, Wilhelm (2009): Handbuch für den Mathematikunterricht an Grundschulen. Hannover: Schroedel, S. 304 – 328.

Wittmann, Erich Ch. / **Müller**, Gerhard N. (2007): Handbuch produktiver Rechenübungen. Band 1: Vom Einspluseins zum Einmaleins. 2., überarbeitete Auflage. Leipzig: Ernst Klett Grundschulverlag, S. 106 – 109.

11

Wittmann, Erich Ch. / **Müller**, Gerhard N. (2012): Das Zahlenbuch 1. Begleitband. 1. Auflage. Stuttgart, Leipzig: Ernst Klett Verlag, S. 112 - 113.

Anhang

1) Schülerbeschreibungen

2) Aufbau der Unterrichtseinheit

3) Tabellarische Verlaufsplanung

4) Arbeitsblätter

5) Sitzplan

Schülerbeschreibungen

G.

G. ist erst seit Anfang des ersten Schuljahres in Deutschland und spricht selbst kein Deutsch. Er ist sehr schnell frustriert, wenn er die Lehrkraft, die anderen SuS oder eine Aufgabe nicht unmittelbar versteht. In diesem Fall verweigert er sich meist, beginnt zu weinen, zu schreien oder er flieht sogar aus dem Unterricht. Vor den Osterferien kam dies nur noch selten vor, da ich häufig englische Anweisungen in den Unterricht einstreue und zu Beginn einer Arbeitsphase stets zu ihm gehe und sicherstelle, ob er sie verstanden hat. Hier hatte ich den Eindruck, dass ihm Mathe Spaß macht, da er in diesem Fach wenigstens Aufgaben bzw. Ergebnisse mathematisch formulieren und sich damit in den Unterricht einbringen kann. In dieser Zeit hat er motiviert in Einzelarbeit Aufgabenstellungen bearbeitet. Insgesamt sagt er jedoch, er hasse die Schule. Nach den Ferien ist es wieder schlechter geworden. Er spricht nicht mehr viel mit mir und verweigert oft die Mitarbeit, auch wenn es sich um Aufgaben handelt, die er lösen kann. Mit seinen Mitschülern streitet er sich häufig und beginnt dann zu weinen, weil er sie nicht verstehe. Insofern sind kooperative Arbeiten sehr schwierig durchführbar. Sobald es über das formulieren von Additions-/Subtraktions-Aufgaben hinausgeht, kann er sich nicht mehr beteiligen, was ihn wiederum frustriert. Der einzige Schüler, den er mag, ist Tobias. Jener möchte jedoch nicht mehr neben G. sitzen und mit ihm arbeiten. Ich habe ihn jetzt in Folge einer neuen Sitzordnung neben S. gesetzt, die selbst bislang keinen Anschluss in der Klasse gefunden hat und werde beobachten, ob sich die beiden verstehen.

J.

J. nimmt meist motiviert am Mathematikunterricht teil. Er arbeitet zügig, jedoch bearbeitet er neue Aufgabenstellungen häufig falsch. Wenn er darauf hingewiesen wird, weigert er sich häufig, die Aufgaben zu verbessern. Auch zu Beginn einer Arbeitsphase nimmt er keine Hilfestellung an, sondern möchte die Aufgaben seinen Vorstellungen entsprechend lösen. Er meldet sich häufig im Unterricht und reagiert aggressiv, wenn er nicht von der Lehrkraft drangenommen wird. Dann ist es schon oft vorgekommen, dass er andere SuS verbal beleidigt, sie körperlich angreift, bespuckt, ihr Eigentum zerstört oder auch mit Gegenständen nach ihnen oder der Lehrkraft wirft. Aus seinen Aussagen geht hervor, dass er sich ungerecht behandelt fühlt, wenn er beispielsweise als Konsequenz permanenten Störens (z.B. Geräusche machen, Mitschüler auslachen) aus dem Kinositz verwiesen wird. Auch dann reagiert er häufig wie oben beschrieben. Bislang ist er nicht dazu in der Lage, mit anderen SuS zu kooperieren. Die anderen SuS wollen nicht mehr mit ihm zusammenarbeiten.

Aufbau der Unterrichtseinheit

Die Zahlenmauer als operatives und produktives Übungsformat zur Addition,
Subtraktion und Zahlzerlegung im Zahlenraum bis 20:

Stunde	Stundenthema	Stundeninhalt	Lernperspektiven
			Die SuS sollen…
1	Wir bauen Mauern – Vorbereitung des Aufgabenformats „Zahlenmauer"	Die SuS bauen eine eingestürzte Mauer aus sechs Steinen auf, wobei ihnen eine Mauer aus drei Steinen als Vorlage dient. Dabei liegt das Augenmerk auf der Struktur der Mauer: Ein Stein liegt immer auf zwei nebeneinanderliegenden Steinen. Um die Mauen nach erneutem Einsturz wieder aufbauen zu können, werden sie abgemalt (Transfer von der enaktiven auf die ikonische Ebene). Um in Folgestunden besser über Strukturen der Mauer sprechen zu können, wird ein Wortspeicher-Plakat angefertigt. Hierbei werden weitestgehend Begriffe der SuS verwendet.	• … die Struktur einer Mauer kennenlernen, indem sie eine 6er-Mauer nach Vorlage einer 3er-Mauer nachbauen. • … die Struktur einer Mauer beschreiben und anhand des Materials zeigen. • … die Mauern malen, indem sie die Struktur beachten.
2	Aus Mauern werden **Zahlen**mauern – Einführung in das Aufgabenformat „Zahlenmauer"	Siehe Verlaufsplanung	Siehe Punkt 4: Angestrebte Kompetenzen und Lernziele
3/4	Wir untersuchen Zahlenmauern: Was passiert, wenn sich der	Die SuS haben als Hausaufgabe kombinatorisch sechs unterschiedliche 6er-Mauern aus den Bodensteinen 1, 2 und 4 ermittelt.	• … mathematische Strukturen und Zusammenhänge in Zahlenmauern

	mittlere Bodenstein um 1 erhöht? (Produktives Üben)	Hierbei haben sie beobachtet, dass der Deckstein am höchsten ist, wenn die größte Zahl im mittleren Bodenstein steht. Im Plenum wird die Frage aufgeworfen, warum das so ist. Um dies zu untersuchen, werden die SuS zu Zahlenforschern: Sie lösen 6er-Zahlenmauern, bei denen sich der mittlere Startstein jeweils um 1 erhöht. Sie sollen beschreiben, wie sich die darüber liegenden Steine (insbesondere der Deckstein) verändern. Zum Formulieren sollen sie die Phrase „wenn... dann" benutzen. Gegebenenfalls sollen die SuS wiederum einen Plättchenbeweis durchführen, um die Auswirkungen begründen zu können. Hierzu sollen sie die Phrase „(Das ist so), weil..." verwenden (Projekt PIK AS 2010, S. 1). Abschließend werden die SuS dazu angeregt, diese Beobachtung auf Allgemeingültigkeit hin zu überprüfen.	entdecken. • ... diese Strukturen und Zusammenhänge mittels Material beschreiben und ansatzweise begründen. • ... Additionen im Zahlenraum bis 20 üben.
5	Wir untersuchen Zahlenmauern: Was passiert, wenn sich der linke Bodenstein um 1 erhöht? (Produktives Üben)	Die SuS lösen Zahlenmauern, bei denen sich der linke Bodenstein jeweils um 1 erhöht. Sie sollen beschreiben, wie sich die darüber liegenden Steine (insbesondere der Deckstein) verändern. Zum Formulieren sollen sie die Phrase „wenn... dann" benutzen. Gegebenenfalls sollen die SuS einen „Plättchenbeweis" durchführen um die Auswirkungen begründen zu können (Schipper 2009, S. 315).	• ... mathematische Strukturen und Zusammenhänge in Zahlenmauern entdecken. • ... diese Strukturen und Zusammenhänge mittels Material beschreiben und erklären. • ... Additionen im Zahlenraum bis 20

			üben.
		Hierzu sollen sie die Phrase „(Das ist so), weil…" verwenden (Projekt PIK AS 2010, S. 1). Abschließend werden die SuS dazu angeregt, diese Beobachtung auf Allgemeingültigkeit hin zu überprüfen.	
6	Zerstörte Zahlenmauern – ausrechnen von lückenhaften Zahlenmauern durch Subtrahieren und Ergänzen	Die SuS lösen Zahlenmauern, in denen auch oberhalb der Bodensteine Zahlen fehlen. Dazu müssen die SuS neben der Addition auch auf die Subtraktion bzw. auf Ergänzungen zurückgreifen. Abschließend verbalisieren die SuS ihre Vorgehensweise beim Lösen der Zahlenmauer, wobei sie es am Material zeigen.	• … ihre Kenntnisse über die Struktur der Zahlenmauer auf lückenhafte Zahlenmauern übertragen und sie durch Subtrahieren bzw. Ergänzen lösen. • … Ergänzungen und Subtraktionen im Zahlenraum bis 20 üben.
7	Wie viele Mauern findest du mit dem Deckstein 6? (Produktives Üben)	Die SuS sollen durch Probieren möglichst viele Zahlenmauern zu vorgegebenen Decksteinen finden (zunächst mit dem Deckstein 6, danach weitere). Hierbei sollen sie zunächst einzeln arbeiten. Anschließend sollen sie ihre Ergebnisse mit dem Sitznachbarn vergleichen. Einige SuS werden hierbei vermutlich Strategien für ein systematisches Vorgehen entwickeln. Die SuS sollen ihre Vorgehensweise verbalisieren. Abschließend werden gefundene Mauern mit dem Deckstein 4 an der Tafel gesammelt, strukturiert und auf Vollständigkeit hin reflektiert.	• … durch Probieren möglichst viele Zahlenmauern zu vorgegebenen Decksteinen finden. • … ihre Vorgehensweise verbalisieren.

17

8	Pyramidenkönig: Wir bauen die Zahlenmauer mit dem kleinst- bzw. die größtmöglichen Deckstein	Die SuS spielen Pyramidenkönig (vgl. Radatz et al. 1996, S. 87). Hierbei wenden sie die Erkenntnisse aus den vorigen Mathematikstunden an um Strategien zu entwickeln, wie die kleinst- bzw. größtmögliche Zahlenmauer aus drei gewürfelten Augenzahlen gebaut werden kann. Abschließend sollen die SuS diese Strategien verbalisieren.	• … mathematische Strukturen und Zusammenhänge in Zahlenmauern nutzen, um eine Strategie zum Erstellen der kleinst- bzw. größtmöglichen Zahlenmauer zu entwickeln. • … diese Strategie verbalisieren und anderen mittels Material erklären.

Tabellarische Verlaufsplanung

Zeit	Phasen	Inhalt / Unterrichtsgeschehen	Unterrichts-formen	Medien
ca. 11.05h – **11.14h** (9 Min)	Begrüßung, Anknüpfung Erarbeitung 1	Die LiV begrüßt die SuS und stellt den Besuch vor. Die SuS kommen in den Kinositz. Die SuS wiederholen den Inhalt der letzten Stunde. Die LiV stellt das Thema der heutigen Stunde vor und gibt einen kurzen Überblick über deren Ablauf sowie deren Ziel. Stummer Impuls: Die LiV hängt Ziffern an eine 3er-Mauer. Die SuS äußern sich dazu und beschreiben den Aufbau der Mauer. Die Zahlen werden nun auch in eine Mauer auf der Tafel eingetragen. Danach hängt die LiV eine leere 3er-Mauer an die Tafel. In die unteren Steine hängt sie zwei Zahlen (3 und 6). Die SuS nennen die fehlende Zahl (9) und erklären dies. Es folgt ein weiteres Beispiel (7, 7; 14). Die jeweiligen Ergebnisse werden nicht notiert.	Frontal L-S-Gespräch Kinositz L-S-Gespräch	Schild Kinositz, Mauern (Schuh-kartons), Plakat Wortspeicher, Zahlenkarten (5, 2, 7, ; 3, 6; 7, 7), leere 3er-Mauer A3, Magnete, Tafel
ca. 11.14h – **11.21h** (7 Min.)	Anwendung 1	Spiel: Die SuS bekommen partner- bzw. gruppenweise Zahlenkarten (1 bis 10, zweifach) und eine leere 3er-Mauer, um sich damit gegenseitig abwechselnd Aufgaben zu legen, wie es durch die LiV in der vorigen Phase gezeigt wurde. Auf ein Klingelzeichen hin brechen die SuS das Spiel ab, räumen die Zahlenkarten und die leere 3er-Mauer in ein Körbchen und kommen in den Kinositz	PA bzw. GA, Klassen-sitzordnung	Körbchen mit Zahlenkarten und leere 3er-Mauern für SuS, Klingel
ca. 11.21h – **11.28h** (7 Min.)	Erarbeitung 2	Die LiV gibt eine kurze Rückmeldung zur PA bzw. GA. Stummer Impuls: Die LiV hängt eine leere 6er-Mauer an die Tafel und trägt Zahlen in die unterste Reihe ein (2, 3, 6). Während die SuS die Zahlenmauer lösen und beschreiben, welche Steine die jeweilige Additionsaufgabe bilden, markiert die LiV diese in unterschiedlichen Farben. Es folgt ein zweites Beispiel.	Frontal, L-S-Gespräch, Kinositz	Tafel, 2 leere 6er-Mauern A2, dicke Stifte, Magnete, bunte Kreide (3x)
ca. 11.28h – **11.38h** (10 Min.)	Anwendung 2	Die SuS gehen zurück an ihre Sitzplätze und lösen ein Arbeitsblatt mit 3er- und 6er-Zahlenmauern (AB1). Danach führen sie eine Selbstkontrolle durch und heften das Arbeitsblatt in ihren Ordner ein. Als quantitative und qualitative Differenzierung können sie im Anschluss eigene Zahlenmauern für sich (AB2) oder andere (AB3) erfinden. Auf ein rhythmisches Klatschen hin brechen die SuS die Arbeit ab und kommen in den Kinositz.	EA, Klassen-sitzordnung	AB1, AB2, AB3, Lösungen zu AB1, Schild Kinositz
ca. 11.38h – 11.50h (12 Min.)	Reflexion Ausblick	Die SuS erzählen, dass sie aus Mauern Zahlenmauern gemacht haben, mit denen sie Additionsaufgaben rechnen können. Sie beschreiben und verallgemeinern, wie in der Mauer Additionsaufgaben zu finden sind. Die LiV gibt eine Rückmeldung zur Mitarbeit der SuS. Sie zeigt die Hausaufgabe und gibt damit einen Ausblick auf die Weiterarbeit in der nächsten Stunde. Die SuS lösen den Kinositz auf. Die LiV verabschiedet sich von den SuS und schließt die Stunde.	Kinositz L-S-Gespräch	Tafel, Plakat Wortspeicher AB4 (Haus-aufgabe)

<u>Zeitpuffer:</u>

Falls Zeit übrig bleiben sollte, führen wir am Ende der Stunde noch ein mathematisches Spiel mit Additionen im Zahlenraum bis 20 durch, das die SuS bereits kennen.

Arbeitsblätter

Die Arbeitsblätter können von den Begrifflichkeiten „Bodenstein" oder „Deckstein" abweichen, wenn die SuS eigene Vorschläge zur Benennung finden.

- AB1 wird von allen SuS während der zweiten Anwendungsphase in Einzelarbeit bearbeitet. Hierzu gibt es die Möglichkeit der Selbstkontrolle. Das AB ist in seiner Struktur parallel zum Stundenablauf gestuft: Zunächst lösen die SuS 3er-Mauern, dann 6er-Mauern mit Visualisierungshilfe und zuletzt 6er-Mauern ohne Hilfestellung. Die 6er-Mauer (Nr. 2) ist zudem ohne Zehnerübergang, um den Einstieg zu erleichtern. Das Arbeitsblatt wurde schlicht gehalten ohne „Verschönerungen" und mit möglichst wenig Text, um die SuS nicht abzulenken und weil viele noch immer schlecht lesen.

- AB2 kann von SuS ausgewählt werden als qualitative und quantitative Differenzierung, wenn sie mit der Selbstkontrolle des AB1 fertig sind. Hier können die SuS eigene Zahlenmauern in vorgegebenen Strukturen erfinden. Sie können den Schwierigkeitsgrad also durch die Größe der Zahlen und die Position der vorgegebenen Zahlen beeinflussen. Das Arbeitsblatt wurde schlicht gehalten ohne „Verschönerungen" und mit möglichst wenig Text, um die SuS nicht abzulenken und weil viele noch immer schlecht lesen.

- .AB3 kann von SuS ausgewählt werden als qualitative und quantitative Differenzierung, wenn sie mit der Selbstkontrolle des AB1 fertig sind. Hier können die SuS frei Zahlenmauern erfinden. Sie können den Schwierigkeitsgrad also durch die Größe der Zahlen, durch die Position der vorgegebenen Zahlen und durch die Größe der Mauer (Anzahl der Steine) bestimmen. AB3 ist dazu gedacht, dass die SuS Aufgaben für andere erfinden. Dazu sollen sie sich eine Mauer ausdenken, auf der rechten Seite die Lösung notieren und das AB in die Ablage „Abgeben" der LiV legen. Diese nimmt die ABs zunächst zur Kontrolle mit und kopiert es anschließend mehrfach, bevor es in der Klasse ausgelegt wird. Dieses Verfahren wurde jedoch noch nie in dieser Form eingesetzt, da sich die SuS bisher stets dagegen entschieden haben, Aufgaben für andere zu erfinden. Vermutlich bedarf es einer Einführung des Verfahrens in einer gesonderten Stunde.

- AB4 stellt die Hausaufgabe der SuS dar. Sie sollen hier alle möglichen 6er-Mauern zu den drei vorgegebenen Bodensteinen finden und erste Beobachtungen notieren.

AB1 (etwas verkleinert)

Löse die Zahlenmauern!   7.5.12

1)

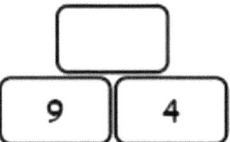

9	4

6	7

2)

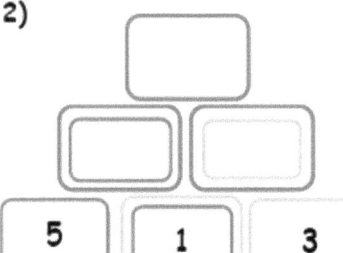

5	1	3

2	6	1

4	3	1

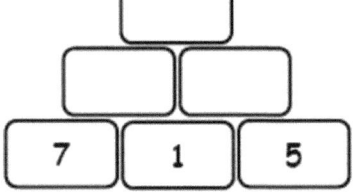

7	1	5

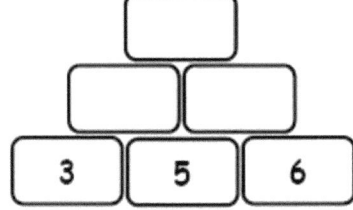

3	5	6

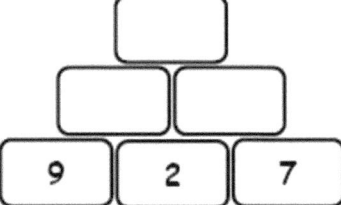

9	2	7

Erfinde eigene Zahlenmauern!

AB3 (etwas verkleinert)

Erfinde Zahlenmauern für andere!

Schreibe hier die Aufgabe auf!

Name: _____

Datum: _____

Schreibe hier die Lösung auf.

Falte das Papier!

Du hast 3 Bodensteine: 7.5.12

a)   Findest du alle Zahlenmauern?

b)   Wann ist der Deckstein am größten?
      Wann ist der Deckstein am kleinsten?

Sitzplan

Der Sitzplan wurde der Anonymität wegen entfernt!